家装细部钻石法则

中国林业出版社
China Forestry Publishing House

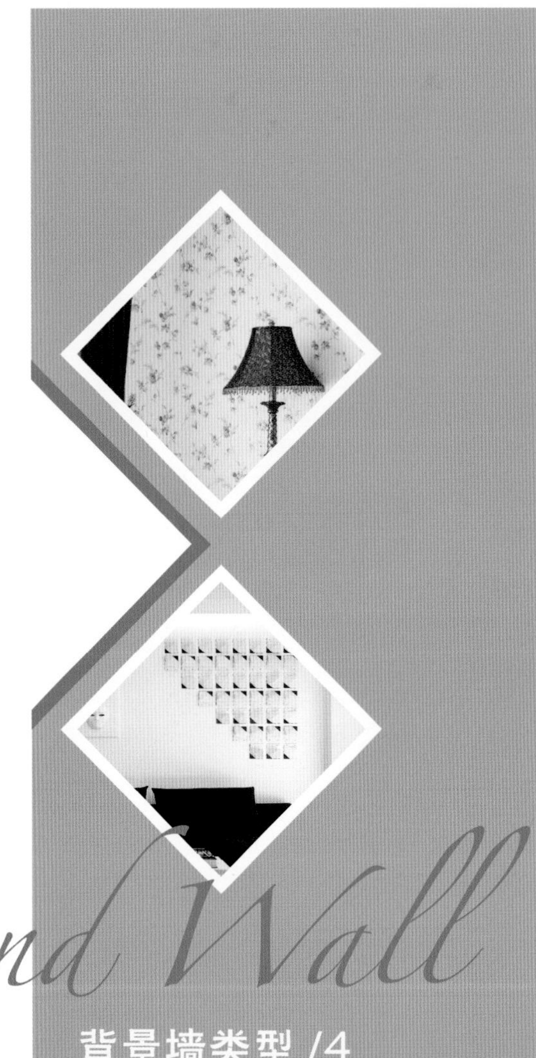

Background Wall

好创意打造迷人背景墙

＊浓重色演绎浪漫

如果卧室具备较好的采光条件，墙色可适当搭配偏重一些的颜色，用浓重的酒红色调的床品，把墙面的单色压住，形成一定的对抗浅意识，避免产生一定艳俗感。然后在床尾与对面的物品（一般是电视机或者梳妆台）之间铺上房间大小二分之一大的暗色地毯作为卧室暖色的缓冲色，留白的天花板和米色的窗帘能够释放出更多空间。

＊黑白双煞最经典

黑、白两色是视觉中极端对立的颜色。黑色会扰乱人们的注意力，使人产生恐惧、悲伤的感觉。如果把房间都布置成纯白色，虽然感觉洁净，但整体空间所折射出来的感觉会比较刺激，让人产生晕眩的感觉。黑白灰的适度搭配，黑白又总是以对方的存在显示自身的力量，这样才能创造富有至酷魅力的居室氛围。如果房间具有较大的空间，为了不让人感到空旷冷清，缓解这种状况的常用手法是选择一面墙涂刷较浓重的颜色，如果你是小清新，完全可以以“作画”的形式来呈现，达到视觉上的饱满感。

＊装饰开关大显神威

惨白的开关已经 OUT 啦！现代人在装饰爱巢的时候更多是去追求个性化搭配、实用主义原则，软装家居墙面装饰品正日益成为营造家居氛围的点睛之笔。哪怕那些装饰家居用品有很多，靠垫、地毯、灯饰、摆件等等，但是这些都是基础中的基础，装饰开关让开关也成为墙面装饰品的一种，瞬间打破墙壁开关一“白”到底的设计定律，首次赋予千篇一律的墙壁开关缤纷色彩、生动纹理、细腻质感，满足不同家装风格的同时，更颠覆了人们对开关属性的固有认知。

＊创意墙贴可多用

无论是 70 后、80 后还是 90 后女孩们总是会对“可爱”“萌”的东西具有一定的偏好度！总会说一句：“快到碗里来！”把创意墙纸带进温馨小窝吧，偶尔睡觉前幻想下灰姑娘的故事也是好滴，然后满足地睡去，好好学习 !Day Day Up！

背景墙类型

1. 壁纸装饰

壁纸有着一种天生的神奇魔力，能为墙面打造出百变妆容。如今地毯风潮继续大行其道，壁纸与其共同拥有的色彩绚丽、图案个性、材质丰富，以及绿色环保、透气性好、易于擦洗、防裂纹等优势受到很多消费者的青睐。

2. 陈列照片墙

家里的照片是不是还一摞一摞的放在相册里呢？不妨挑出几张不错的做成相框，挂到墙上吧，无论是客厅还是玄关还是什么地方，展示出来不仅装点了墙面同是还是很好的生活记录。

3. 绿植壁挂装饰

绿植可以种植在花园、阳台、花盆等很多地方，但你能想象得到把绿植种到墙面上吗？不用怀疑，就是有人这么做到了。所以说对家居装饰来说，只有你想不到没有你做不到，快来一起个性一下吧。

4. 巧用收纳置物架

墙面置物架是我们常见的一种墙面收纳形式，它不仅实用而且美观。百变的墙面置物架造型各异、颜色不一，显示出精巧和玲珑之气，也是对墙面的一种极好装饰。如果墙面置物架设计得好，绝对为墙面整体效果加分。

5. 涂刷渐变色

墙面装饰也是一种艺术，从街头的涂鸦中，我们常常能够感受时尚所带来的艺术气息。传统的墙面装饰多以纯色墙面为主，但是有没有想过要打破这种常规的思维呢？墙面就是一个家的外衣，服装设计中有讲究渐变色，其实也可以将其运用到家装中来。给你的墙面换上渐变色吧，你会收获别样的艺术墙。

6. 布艺软装

墙面装饰是室内空间的重要部分，也是空间布置的面子工程。墙面装饰常用的方法就是贴壁纸、刷油漆或者硅藻泥背景墙。其实比起这些方法，采取旧物利用，用旧布裁剪拼接出背景墙的方法是最环保也是最节约成本的一种方式。而且，独特个性的背景墙肯定是别人复制不来的。

背景墙材质

墙面装修材料的选择不同，装修出来的效果也不同。墙面装修材料主要分为涂料类、贴面类、抹灰类三种。

1. 涂料类墙面装修材料

家庭装修中常用的涂料有乳胶漆涂料、水溶性涂料、多彩涂料三种。这三类涂料的构成成分以及外观效果都是不一样的，到底市场中可用于室内墙面装修的涂料有何区别呢？

(1) 乳胶漆涂料

乳胶内墙涂料属中高档涂料，虽然价格较贵。但因其优良的性能和装饰效果，所占据的市场份额越来越大。好的乳胶涂料层具有良好的耐水、耐碱、耐洗刷性涂层受潮后决不会剥落。一般而言（在相同的颜料、体积、浓度条件下），苯丙乳胶漆比乙丙乳胶漆耐水、耐碱、耐擦洗性好，乙丙乳胶漆比聚醋酸乙烯乳胶漆（通称乳胶漆）好。

(2) 水溶性涂料

这类涂料属于低档产品，是聚乙烯醇溶解在水中，再在其中加入颜料等其他助剂而成。这类涂料有很多缺陷，比如不耐水、不耐碱，涂层受潮后容易剥落，因此属于低档内墙装饰涂料产品，主要用于内墙的装饰装修。水溶性涂料价格便宜、无毒、无臭、施工方便，约占市场50%，多为中低档居室或临时居室室内墙装饰选用。

(3) 多彩涂料

多彩涂料是市场比较受欢迎的涂料，涂料的成膜物质是硝基纤维素，一水包油形式分散在水相中，一次喷涂可以形成多种颜色花纹。

2. 贴面类墙面材料

贴面类墙面材料主要有两大类：饰面砖或板和壁纸墙布。

(1) 墙面饰面砖或板材料

饰面板如大理石板、花岗石板等，但进价较高，一般用于外墙饰面，内墙饰面特别是家庭装修中很少采用。常用饰面砖有瓷瓦、陶瓷锦砖（马赛克）、玻璃锦砖（玻璃马赛克）。具有独特的卫生易清洗和清新美观的装饰效果，在家庭装修中常用于厨房、卫生间等的墙面。

(2) 墙面壁纸墙布材料

墙面装饰织物是目前我国使用最为广泛的墙面装饰材料。墙面装饰以多变的图案、丰富的色泽、仿制传统材料的外观、独特的柔软质地产生的特殊效果柔化空间、美化环境，深受用户的喜爱。这些壁纸和墙布的基层材料有全塑料的、布基的、石棉纤维基层的和玻璃纤维基层的等等。其功能为吸声、隔热、防菌、防火、防霉、耐水良好的装饰效果。在宾馆、住宅、办公楼、舞厅、影剧院等有装饰要求的室内墙面、顶棚应用较为普遍。

3. 抹灰类墙面装修材料

抹灰墙面材料分为一般抹灰和装饰装修抹灰两类。

(1) 一般抹灰材料

一般抹灰的用料包括石灰砂浆、混合砂浆、水泥砂浆等。为保证抹灰平整、牢固，避免龟裂、脱落，在构造上和施工时须分层操作，每层不宜太厚。各种抹灰层的厚度应视基层材料的性质、所选用的砂浆种类和抹灰质量的要求而定。抹灰类饰面一般分为底层、中层和面层。各层的作用和要求不同。

(2) 装饰装修抹灰材料

装饰装修抹灰有水刷石、干粘石、斩假石、水泥拉毛等种类。装饰装修抹灰一般是指采用水泥、石灰砂浆等抹灰的基本材料，除对墙面作一般抹灰之外，利用不同的施工操作方法直接将墙面做成饰面层。它比一般抹灰更具装饰性，档次和造价也更高。除了具有与一般抹灰相同的功能外，它还有其本身装饰工艺的特殊性，所以其饰面往往有鲜明的艺术特色和强烈的装饰效果。

Background Wall

CHINESE

中式风格

雕花、隔扇、镂空是传统的中式风格的装饰物，白色或米黄色的墙面是中式装修墙面的主要色调，怀旧与情调的搭配、天然与淳朴是中式背景墙的魅力所在，让人在繁华与喧闹中找到心灵的安静。

Background Wall

Background Wall

Background Wall

Background Wall

Background Wall

Background Wall

Background Wall

Background Wall

Background Wall

Background Wall

Background Wall

Background Wall

Background Wall

Background Wall

Background Wall

Background Wall

Background Wall

Background Wall

Background Wall

Background Wall

Background Wall

Background Wall

Background Wall

EUROPEAN

欧式风格

精美古典的油画、金属光泽的壁纸、繁复婉转的脚线，繁复典雅，华丽而复古，坐在家里也能感受高贵的宫廷氛围，在水晶吊灯的映衬下，更加亮丽夺目，昭示着现代人对奢华生活的追求。

Background Wall

Background Wall

Background Wall

Background Wall

Background Wall

Background Wall

Background Wall

Background Wall

Background Wall

Background Wall

Background Wall

Background Wall

Background Wall

Background Wall

Background Wall

Background Wall

Background Wall

Background Wall

Background Wall

Background Wall

田园风格

追求清新简约的年轻人更倾向于淡雅质朴的墙面风格，淡绿、淡粉、淡黄的浅色系壁纸，无论在餐厅、书房还是卧室，一开门间，素雅的壁纸带来一股清新的味道，给人以回归自然的迷人感觉。

Background Wall

Background Wall

Background Wall

Background Wall

Background Wall

Background Wall

Background Wall

Background Wall

Clam
Bake
Fresh
SEAFOOD
PUBLIC TELEPHONE
5¢
Chianti

Background Wall

Background Wall

Background Wall

Background Wall

Background Wall

Background Wall

Background Wall

Background Wall

Background Wall

Background Wall

Background Wall

Background Wall

Background Wall

MODERN

现代风格

透视的艺术效果、抽象的排列组合、黑白灰的经典颜色……明朗大胆，映衬在金属、人造石等材质的墙面装饰中不显生硬，反而让居室弥散着艺术气息，适合喜欢新奇多变生活的时尚青年。

Background Wall

Background Wall

Background Wall

Background Wall

Background Wall

Background Wall

Background Wall

Background Wall

Background Wall

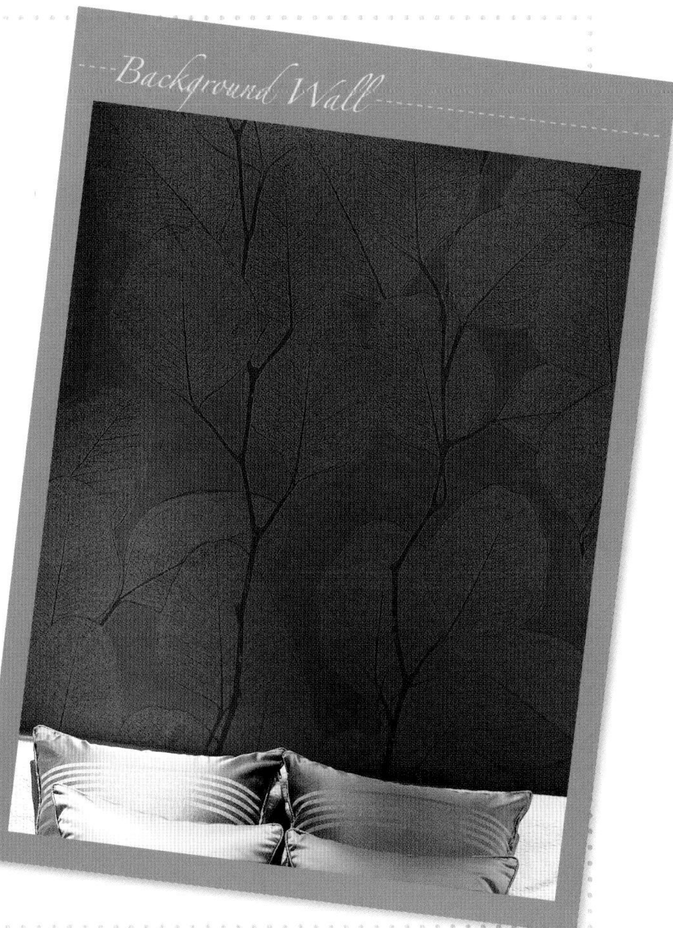

Background Wall

Background Wall

Background Wall

Background Wall

Background Wall

Background Wall

Background Wall

Background Wall

Background Wall

Background Wall